Curso 1 de Electricidad Autom...

Curso de Electrónica Automotriz 1
(Incluyendo lectura de diagramas eléctricos)

**By
Mandy Concepcion**

All charts, photos, and signal waveform captures
were taken from the author's file library. This book
was written without the sponsoring of any one
particular company or organization. No endorsements
are made or implied. Any reference to a company or organization
is made purely for sake of information.

Curso 1 de Electricidad Automotriz y Diagramas

Copyright © 2006, 2011 By Mandy Concepcion

This book is copyrighted under Federal Law to prevent the unauthorized use or copying of its contents. Under copyright law, no part of this work can be reproduced, copied or transmitted in any way or form without the written permission of its author, Mandy Concepcion.

www.autodiagnosticsandpublishing.com

The information, schematics diagrams, documentation, and other material in this book are provided "as is", without warranty of any kind. No warranty can be made to the testing procedures contained in this book for accuracy or completeness. In no event shall the publisher or author be liable for direct, indirect, incidental, or consequential damages in connection with, or arising out of the performance or other use of the information or materials contained in this book. The acceptance of this manual is conditional on the acceptance of this disclaimer.

SOLUS is a registered trademark of Snap-On Corp.

Made in the U.S.A.

Curso 1 de Electricidad Automotriz y Diagramas

Curso 1 de Electricidad Automotriz y Diagramas

Curso 1 de Electricidad Automotriz y Diagramas

CURSO de ELECTRONICA AUTOMOTRIZ
(Curso 1)

(incluyendo cómo leer los diagramas de cableado)

Tabla de contenidos

- Introducción
- Teoría de los electrones y átomos
- Los átomos y los electrones
- Las fuerzas se repelen y atraen a diferencia
- Teoría de los electrones y Metales
- ¿Qué es la corriente?
- ¿Cuál es la resistencia?
- La resistencia en serie y en paralelo
- Resistencia y Potencia
- ¿Qué es la tensión?
- Introducción a los transistores?
- ¿Cuáles son los transformadores?
- Análisis del flujo de corriente
- Interruptores y relés

Curso 1 de Electricidad Automotriz y Diagramas

Curso 1 de Electricidad Automotriz y Diagramas

Curso de Electrónica Automotriz (Curso numero 1)
(Incluyendo lectura de diagramas eléctricos)

Edition 4.0 Section 1– HRWD
Copyright 2009, 2011, All rights reserved.

Con el contenido creciente de electrónica en vehículos modernos, la necesidad de comprender y usar conceptos eléctricos y lectura de diagrama es importantísimo; tanto como el uso de los equipos. Aún mas, la lectura de diagrama eléctricos requiere un poco de conocimiento de electricidad y experiencia. Conociendo las leyes del flujo de electrones o electricidad usted poseerá la destreza necesaria para este tipo de diagnostico. El DVD que acompaña este libro es un complemento mas en este curso numero 1 de sistemas electrónicos automotrices. Suerte y disfrute.

www.autodiagnosticsandpublishing.com

Curso 1 de Electricidad Automotriz y Diagramas

Curso 1 de Electricidad Automotriz y Diagramas

Teoría de Flujo de Electrones

Cómo leer los diagramas de instalación eléctrica

Esta primera sección es la más importante de todas sobre el flujo del electrón básico. Sin un estudio completo de la electrónica básica usted nunca entenderá totalmente los principios de la electrónica de hoy en día. Nosotros cubriremos la resistencia, inductancia, bobinas, transistores, voltaje, controles y módulos.

La teoría del electrón y los átomos

Todas las materias están compuestas de moléculas que a su vez están compuestos de átomos y que están compuestas de nuevo de protones, neutrones y electrones. Un átomo es la parte más pequeña de la materia que puede existir por si solo y puede contener uno o más electrones.

Si usted por ejemplo enciende un interruptor ligero, usted verá la bombilla brillar emitiendo una luz en el cuarto. ¿Que fue lo que causó esto para que pase? ¿Cómo es que viaja la energía a través de los cables de cobre para poder encender la bombilla? ¿Cómo es que viaja la energía a través del espacio? ¿Qué hace que trabaje un motor?

Estos procesos requieren una comprensión básica de los principios eléctricos. Para que la luz brille, se necesita que la energía encuentre un recorrido a través del interruptor, y a través del cable de cobre. Este movimiento se llama el flujo del electrón. También se llama el flujo ac-

Curso 1 de Electricidad Automotriz y Diagramas

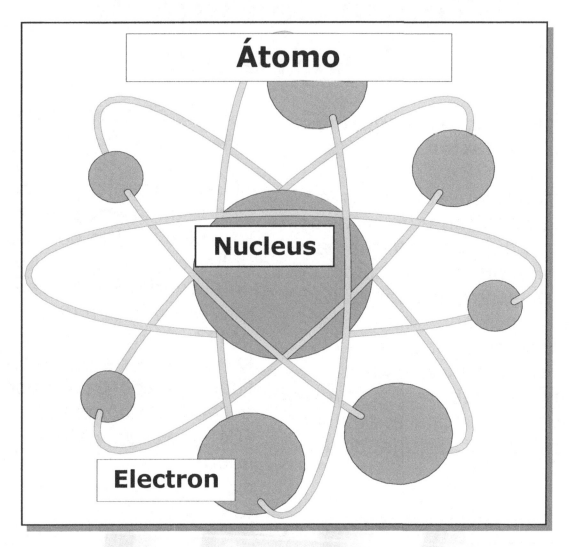

tual en la electrónica. Electricidad es el flujo de electrones a través de un conductor.

La palabra materia lo incluye todo. Incluye cobre, madera, el agua, el aire y virtualmente todo lo que existe. Si nosotros pudiéramos tomar un pedazo de materia como una gota de vino y lo dividimos por la mitad y lo seguimos dividiendo hasta que no pudiera ser más dividido, mientras sigue siendo vino, nosotros eventualmente tendríamos una molécula de vino.

Una molécula de agua tiene un número ajustado de protones y electrones.

Un átomo también es divisible - en los protones y electrones. Los dos son partículas eléctricas y ninguno es divisible. Los electrones son los más pequeños y más ligero de los dos, y se dice que son cargados negativamente. Los protones son por otro lado aproximadamente 1800 veces la masa de electrones y recargan positivamente. Las partículas subatómicas son aun más pequeñas que los electrones. Se piensa que cada una tiene líneas de fuerzas (campos eléctricos) rodeándolas. En teoría, las líneas negativas de fuerza no unirán otras líneas negativas de fuerza. De hecho ellas tienden a rechazarse una de la otra. Similarmente las líneas positivas de fuerza actúan de la misma forma. El hecho que los electrones rechazan los electrones y protones rechazan los protones, pero los electrones y protones se atraen entre si siguiendo una ley básica de físicas:

Como es que las mismas fuerzas se rechazan y las fuerzas diferentes se atraen.

Cuando se atraen un electrón y un protón en la proximidad íntima entre si, es el electrón que se mueve porque el protón es 1800 veces más pesado. El movimiento de electrones se llama electricidad. Aunque el electrón es mucho más pequeño, su campo es bastante fuerte, negativamente recargado, y es igual al campo positivo del protón.

Los campos que rodean los protones y electrones están conocidos como los campos electrostáticos. "Estático" significa estacionario o que no se mueven. Cuando se hacen que se muevan los electrones, el resultado es electricidad dinámica. "Dinámico" quiere decir movimiento. Para producir un movimiento de un electrón es necesario: o tener un "empujón del campo negativo", un "tirón del campo positivamente cargado", o como normalmente ocurre en un circuito eléctrico, un negativo y cargo positivo (una fuerza de uno empujando y otro tirando). Como en el caso de una batería en un automóvil.

Hay más de cien átomos diferentes o elementos. El más simple y más ligero es el Hidrógeno. Un átomo de Hidrógeno consiste en un electrón que jira alrededor de un protón como la luna que revuelve alrededor de la tierra. El próximo átomo por lo que se refiere al peso es el Helium (Él) consistiendo en dos protones y dos electrones. El tercer átomo es Lithium (Li) con tres protones y tres electrones y así seguido. Se colocan los átomos en una tabla llamada la tabla de elementos de Mendelev. La mayoría de los átomos tienen un núcleo que consiste en los protones del átomo y también uno o más neutrones. El resto de los electrones (siempre igual en el número a los protones nucleares) está girando alrededor del núcleo en las capas diferentes. La primera capa de electrones fuera del núcleo, puede acomodar sólo dos electrones. Si el átomo tiene tres electrones entonces dos estarán en la primera capa y el tercero estará en la próxima capa. La segunda capa está completamente llena cuando ocho electrones están girando alrededor de él. El tercio está lleno cuando dieciocho electrones están girando alrededor.

No piense que estos electrones giran alrededor de alguna manera casual, ellos no lo hacen. Se agrupan los electrones en un elemento de un número atómico grande en anillos que tienen un número definido de electrones. Los únicos átomos en que estos anillos están completamente llenos son aquéllos de elementos gaseosos inertes como el Helium, Neón, Argón, Criptón, Xenón y Radón. Todos los otros elementos tienen uno o más anillos incompletos de electrones.

Algunos de los electrones en la órbita exterior de átomos como cobre o plata pueden desalojarse fácilmente. Estos electrones viajan fuera en los espacios abiertos entre los átomos y moléculas y pueden ser determinados los electrones libres. Es la habilidad de estos electrones de flotar del átomo a átomo que hace la corriente eléctrica posible. Otros electrones resistirán de ser desprendido y son llamados electrones unidos.

La Teoría del electrón y Metales.

Sería imposible para la electrónica existir sin metales y ellos son cruciales a la tecnología moderna del automóvil.

La mayoría de los metales en el uso de hoy en día son en si de alloys. Los ejemplos comunes son el acero inoxidable, acero de velocidad alta que es de lo que nuestros barrenos están hecho y en el uso común en la electrónica - la Soldadura (60% Sn, 40% Pb - ése es estaño y lleva) y; Nichrome para el cable de resistencia y los elementos de calentamiento eléctricos (80% Ni, 20% Cr - ése es níquel y cromo).

¿Qué es la corriente eléctrica?

Un flujo de electrones forzados en un movimiento por el voltaje o presión

Curso 1 de Electricidad Automotriz y Diagramas

que está conocido como la corriente. Los átomos en conductores buenos como el cable de cobre tienen uno de los electrones más libres del anillo exterior que constantemente sale volando. Los electrones de otros átomos cercanos rellenan los agujeros. Hay billones de electrones que se mueven en todas las direcciones sin propósito fijo, todo el tiempo en conductores.

Cuando un EMF (voltaje) se fuerza por un conductor que maneja estos electrones libres fuera del lado negativo hacia el positivo. Esta acción tiene lugar cerca de la velocidad de luz, 300, 000,000 metros por segundo.

La cantidad de corriente en un circuito es moderada en los amperios (amperios). Unidades más pequeñas usadas en la electrónica son los mili-

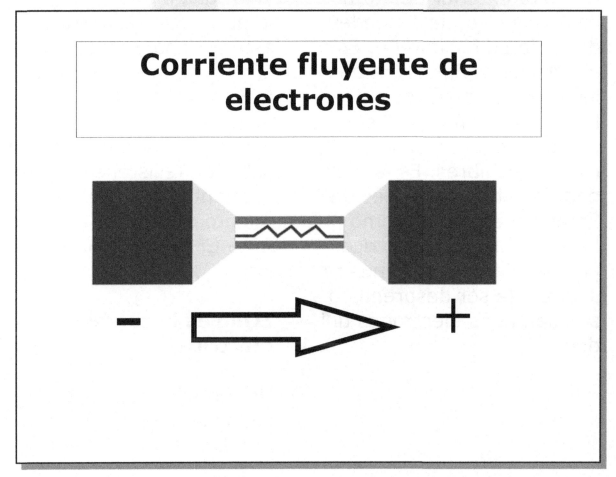

Corriente fluyente de electrones

amperios MA (1 / 1,000 de un amperio) y micro-amperios el uA (1 / 1, 000,000 de un amperio). Un amperio es el número de electrones que van más allá de un cierto punto en un segundo. La cantidad de electrones usado determinando un amperio se llama el "coulomb", cuál amperio es un coulomb por segundo. Un coulomb es 6, 280, 000, 000, 000, 000,000 o 6.28 X 10 18 electrones.
Esto (coulomb) es la unidad de medir cantidades eléctrica o carga.

¿Qué es resistencia?

Discutiendo la corriente nosotros sabemos que ciertos materiales como cobre tienen muchos electrones libres. Otros materiales tienen menos electrones libres y substancias como el vaso, caucho, y fibra de vidrio. Estos materiales no tienen prácticamente ningún movimiento de electrones libre que hace por consiguiente la insolación. Entre las extremidades de buenos conductores como [plata, cobre e insolaciones buenas como el cristal, caucho y otros conductores de reducida habilidad, ellos "resisten" el flujo de electrones por tanto el término es resistencia.

La unidad de resistencia es el ohm y 1 ohm es considerado la resistencia de cable de cobre redondo, 0.001" diámetro, 0.88" (22.35 mm) largo a 32 deg F (0 C del deg).

Resistencia en series y paralelo

Le sigue que si se conectaran dos pedazos de cable al final (en serie) entonces las resistencias se agregarían por otro lado. Si fueran puestos lado a lado (en paralelo) entonces la resistencia se partiría en dos.
Ésta es una lección muy importante sobre la resis-

tencia. Las resistencias en serie suman como R1 + R2..... Mientras las resistencias en paralelo reduce por 1 / (1 / R1 + 1 / R2.....)

Considere tres resistencias

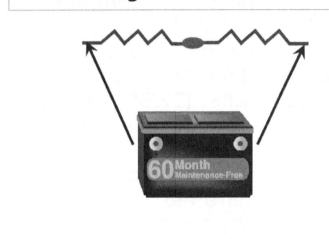

de 10, 22, y 47 Ohmios/Ohms respectivamente. Agregado en serie y nosotros conseguimos 10 + 22 + 47 = 79 Ohmios/Ohms. Mientras en paralelo nosotros conseguiríamos 1 / (1 / 10 + 1 / 22 + 1 / 47) = 5.997 Ohmios/Ohms.

La resistencia y el Poder

Luego nosotros necesitamos considerar la capacidad de manejo del poder de nuestras resistencias. Resistencias que se diseñan para manejar deliberadamente y radiar cantidades grandes de poder son hornillas eléctricas, hornos, radiadores, jarros eléctricos y tostadores. Éstos son fabricados para sacarles ventaja al uso de la corriente de algunos materiales y sus capacidades.

¡Usando cualquiera de nuestras fórmulas de poder nosotros determinamos que 0.304 amperios que fluyen a través de

Curso 1 de Electricidad Automotriz y Diagramas

El Vatio o Watt es la medida de poder

Voltage * Amperage = Watts

nuestra 79 ohm resistencia disipan un combinación 7.3 vatios de poder! peor, porque nuestras resistencias son de valor desigual que la distribución de poder será desigual con la dispersión mayor en la resistencia más grande. Poder es voltaje mas amperaje, y es la verdadera medida de poder entregada por un circuito.

Le sigue como una regla fundamental en el uso de las resistencias en los circuitos electrónicos de que la resistencia debe tratar la corriente cómodamente y por lo tanto esta se disipará. Una regla a seguir es usar una potencia en vatios que tasa

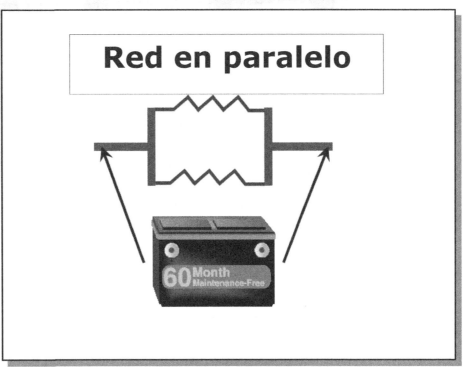

Red en paralelo

Curso 1 de Electricidad Automotriz y Diagramas

por lo menos dos veces la dispersión esperada. Este hábito de doblar la valuación también se usa en los fusibles automotores.

Las resistencias comunes en el uso en la electrónica de hoy en día entran en las valuaciones de poder de 0.25W, 0.5W, 1W y 5W. Otros tipos de variaciones especiales están disponibles para ordenar. Debido al proceso preciso de la fabricación es posible obtener las resistencias en las más baja valuaciones de potencia en vatios que son bastante íntimos en la tolerancia de sus valores designados. Típico de este tipo es un alcance de .25W que exhibe una tolerancia de mas / menos 2% del valor.

¿Que es el voltaje?

La palabra mas correcta de envés decir voltaje debería ser "diferencia potencial". Realmente es la fuerza que se mueve o la presión en la electricidad (EMF). La diferencia potencial es responsable para el empuje y alón de electrones o la corriente eléctrica a través de un circuito.

Para producir una tendencia de electrones, o la corriente eléctrica, a lo largo de un cable es necesario que haya una diferencia en la "presión" o potencial entre los dos fines del cable. Esta diferencia potencial puede producirse conectando una fuente potencial eléctrica a los fines del cable. Como explicaremos mas tarde, hay un exceso de electrones en el término negativo de una batería y una deficiencia de electrones en el término positivo, debido a la acción química. Entonces puede verse que una diferencia potencial es el resultado de la diferencia en el número de electrones entre los términos. La fuerza o presión debido a una diferencia potencial de su determinación es EMF o voltaje.

Un voltaje también existe entre dos objetos siempre que alga una diferencia en el número de electrones libres por el volumen de la unidad del objeto. Si los dos objetos son negativos, la corriente fluirá de las cargas más negativas a la más baja carga negativa cuando ellos se conectan juntos. Esto también se llama un circuito de tierra flotante, y es usado extensivamente en los circuitos automotores. Habrá también un flujo del electrón de un objeto menos positivamente cargado a un objeto positivamente mas cargado.

El campo electrostático, o la tensión de los electrones que intentan alcanzar una carga positiva de una más favorablemente alta carga negativa también son EMF o voltaje.

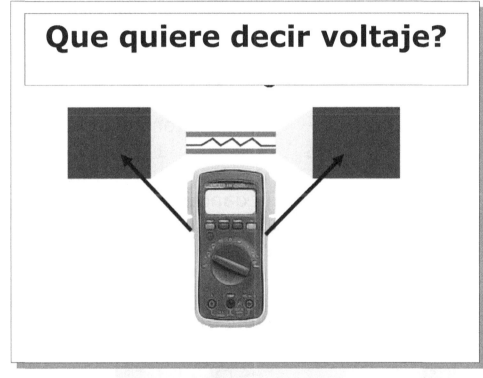

Es expresado en unidades llamados voltios, o voltaje. Un voltio puede definirse como la presión requerida para forzar una corriente de un amperio a través de una resistencia de un ohm.

Para visualizar esto mas fácil, considere la presión de agua (voltaje) se requiere pasar un litro de agua (corriente) a través de una tubería cobriza de un cierto diámetro pequeño (resistencia). O la presión de agua requerida variaría o el volumen de agua corriendo variaría, o ambos.

Éste es la ley fundamental de Ohmios/Ohms dónde E = el voltaje; I = corriente en amperios y R = la resistencia en los Ohmios/Ohms: Este voltaje puede generarse de muchas maneras diferentes, como en las baterías y alternadores.

Aquí son algunos ejemplos: El químico (las baterías) e. g. la célula 1.5V seca, el almacenamiento celular mojado aproximadamente 2.1V

Electromagnético (alternadores)

Piezoeléctrica (la vibración mecánica de ciertos cristales) como en los knock censors.

Introducción a los transistores

Transistores, son interruptores electrónicos que pueden cambiar a un paso mas rápido. Generalmente los transistores entran en la categoría de transistor bipolar, o el NPN más común transistores bipolares o los PNP transistor tipos menos comunes. Hay un tipo conocido como un FET o Transistor de Efecto de Campo que es inherentemente el transistor de impedancia de entrada alta con la conducta algo comparable a las válvulas. Transistores de efecto de campo modernos o FET incluyendo JFETS y MOSFETS son ahora transistores muy fuertes.

El transistor se desarrolló en los Laboratorios de Bell en 1948. La cantidades grande de uso comercial no vino hasta mucho después debido al desarrollo lento. Transistores usados en equipos más nuevos eran los tipos del germanio. Cuando el transistor de silicón fue desarrollado, levantaron dramáticamente. Las primeras ventajas del transistor eran relativamente bajas consumiendo poca corriente a un bajo nivel de voltaje en la cual izo posible la producción de computadoras pequeñas para los vehículos.

teriales, se puedan hacer para que actúen como un "relay electrónico de estado sólido". Cualquier material es solo conductivo en proporción al número de electrones "libres" que están disponibles. Cristales de Silicón tienen por ejemplo muy pocos electrones libres. Sin embargo si las

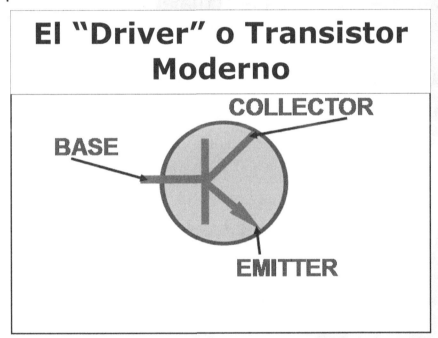

¿Cómo trabajan los transistores?

Los transistores trabajan con un principio: que ciertos ma-

"impurezas" (diferente estructura atómica - por ejemplo arsénico) se introduce de una manera controlada, entonces los electrones libres o la conductibilidad se aumenta. Agregando otras impurezas como el gallium, una deficiencia del electrón o agujero es creado. Como con los electrones libres, los agujeros animan también la conductibilidad y el material se llama un semi-conductor. Material del semiconductor que dirige los electrones libres se llama the n-type material (material tipo n) mientras que el material que dirige en virtud de la deficiencia del electrón se llama p-type material, (material del tipo p).

Si nosotros tomamos un pedazo del material del p-tipo y lo conectamos a un pedazo de material de n-tipo y le aplicamos voltaje entonces la corriente fluirá. Se atraerán los electrones por la unión de los materiales P y N. Los flujos actuales por medio de electrones van de una ma-

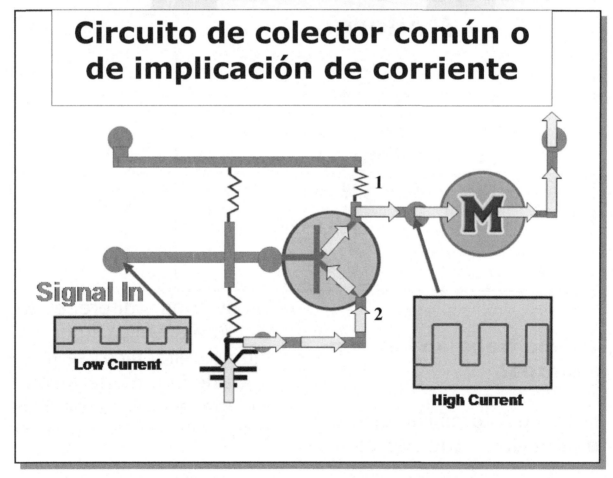

nera. Si la polaridad de la batería se invirtiera el flujo actual entonces cesaría. Ahora un transistor es meramente un "sándwich" de estos materiales. El hecho es que hay dos uniones que llevan al término "transistor bipolar".

Si un voltaje negativo se aplica al coleccionista del transistor, entonces ordinariamente no corre ningún flujo, pero hay agujeros adicionales ahora en la unión viajando hacia el punto 2 y electrones pueden viajar al punto 1, para que una corriente pueda fluir, aunque esta sección se tuerce para prevenir la conducción. Puede mostrarse que la mayoría de los flujos actuales entre los puntos 1 y 2. De hecho la amplitud del coleccionista actual en un transistor es principalmente determinado por la corriente del emisor que a su vez es determinado por corriente que fluye en la base del transistor. Considere la base que sea un poco como una tapa o asa del grifo.

Nosotros discutimos un transistor de PNP anteriormente. Las únicas diferencias entre PNP y transistores de NPN están en su forma de fábrica y de más importancia en el voltaje de conexión. Un transistor de silicón NPN o PNP necesita ser encendido sobre 0.60V.

Un transistor bipolar tiene una entrada de impedancia moderada (dependiendo de la configuración) mientras algunos FETs pueden y tienen impedancias de medidas en los mega-Ohmios/Ohms. Los transistores bipolares son los amplificadores esencialmente "actuales" mientras FETS pudiera ser considerado los amplificadores de voltaje.

Curso 1 de Electricidad Automotriz y Diagramas

¿Por qué la ley de Ohmios/Ohms es tan importante?

La ley de ohms, a veces más correctamente llamado la Ley de Ohm, nombrado después de Sr. Ohm de Georg, matemático y físico 1789-1854 - Bavaria, define la relación entre el poder, voltaje, corriente y resistencia. La Ley de ohm declara que E=IR o el voltaje iguala a los tiempos actuales de la resistencia. Éstas son las unidades eléctricas básicas con que nosotros trabajamos. La Ley de Ohms es la piedra de la fundación de la electrónica y electricidad. Estas fórmulas son muy fáciles de aprender. Sin una comprensión completa de la ley de "Ohmios/Ohms" usted no iría muy lejos solucionando problemas ni siquiera con los más simple circuitos electrónicos o eléctricos en el mundo automotor. Ohm estableció en el 1820 que si un voltaje se aplicara a una resistencia la "corriente fluiría y entonces la corriente se consumiría" Algunos ejemplos se practican cada día de estas reglas básica que son sartenes eléctrico, planchas, cacerola Eléctricas, Tostadores, y bombillas eléctricas.

La ley de Ohmios y sus Formulas matematicas

$$E=IR \qquad I=E/R$$

$$R=E/I$$

Curso 1 de Electricidad Automotriz y Diagramas

El sartén consume la corriente produciendo calor para cocinar, el tostador consume la corriente produciendo calor para tostar el pan, la plancha consume la corriente produciendo para planchar nuestra ropa y la bombilla eléctrica consume la corriente produciendo calor y más importante luz para encender un área. Un ejemplo extenso es un sistema de agua caliente eléctrico. Todos son ejemplos de la ley de Ohmios/Ohms en su uso básico.

Usted siempre puede determinar las otras fórmulas con el álgebra elemental. La ley de Ohmios/Ohms es la misma piedra de la fundación de electricidad y electrónica. Para que E=IR e I=E/R y R=E/I. Sabiendo dos cantidades en la ley de Ohmios/Ohms siempre revelarán el tercer valor. Yo aconsejo que imprima estas fórmulas y las pegue a su caja de herramientas para mantener estas leyes de ohms al alcance hasta que usted esté bastante familiarizado con él. La ley de ohm tiene que volverse segunda naturaleza a usted, la tecnología automotor electrónica. Y por tal queremos decir de no hacer los cálculos, pero entendiéndolo y usándolos para realizar sus diagnósticos.

¿Qué es un condensador o capacitor?

En el tema actual nosotros aprendimos la unidad de medir cantidad eléctrica o carga que era un coulomb. Ahora un condensador (anteriormente el condensador) tiene la habilidad de sostener un carga de electrones.

El número de electrones que pueden sostenerse bajo una presión eléctrica dada (el voltaje) se llama capacidad. Dos platos metálicos separados por una sustancia que no conduce

Curso 1 de Electricidad Automotriz y Diagramas

Los capacitares/condensadores y su operación eléctrica

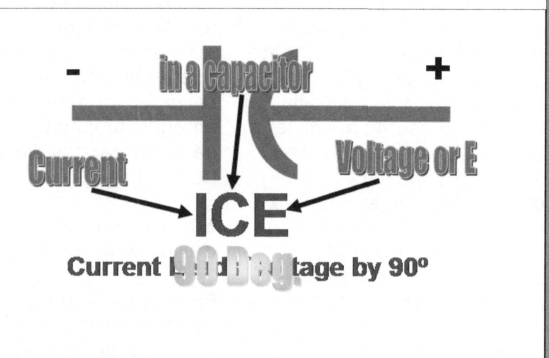

entre ellos o electrolite hacen un condensador simple. Primeramente mientras el flujo de corriente progresa más electrones fluyen en el condensador y un EMF contrario mayor se desarrolla para oponer el flujo actual extenso allí. La diferencia entre el voltaje de la batería y el voltaje en el condensador se vuelve cada vez menos y la corriente continúa disminuyendo. Cuando el voltaje del condensador iguala el voltaje de la batería no fluirá más corriente.

Si el condensador puede guardar un coulomb de carga a un voltio se dice que tiene una capacidad de un Farad. Ésta es una unidad muy grande de medida. Los condensadores electrónicos automotores están a menudo en la región de 5000 uF o 5000 / millonésimo de un Farad a uno mucho mas grandes.

El uF de la unidad representa el micro-farad (uno millonésimo) y el pF representa el pico-farad (uno millón, millonésimo). Éstos son los valores comunes de capacidad que usted encontrará en la electrónica. Por otro lado, los más nuevos vehículos híbridos están empleando algunos de los condensadores más grandes llamados "Condensadores Ultra" Que son muy grandes. Estas unidades tienen el potencial para electrocutar a una persona si se maneja inadecuadamente.

Los condensadores en la serie y en paralelo

Los condensadores pasarán las corrientes del AC pero no del DC. A lo largo de los circuitos electrónicos esta propiedad importante se toma la ventaja de pasar los signos del AC de una fase a otro mientras bloqueando cualquier componente de DC de la fase anterior. Esto es por qué se dice que las primacías actuales lleva el voltaje por 90º en un condensador.

¿Que es inductancia?

La propiedad de inductancia podría describirse como "cuando cualquier pedazo de cable se le da energía un campo magnéticos se forma alrededor de él. Alternativamente podría decirse que la "inductancia es la propiedad de un circuito en el cual la energía es guardada en forma de de campo electromagnético."

Un pedazo de cable envuelto como un rollo tiene la habilidad de guardar un campo magnético y por consiguiente tiene un valor de inductancia. El valor

Curso 1 de Electricidad Automotriz y Diagramas

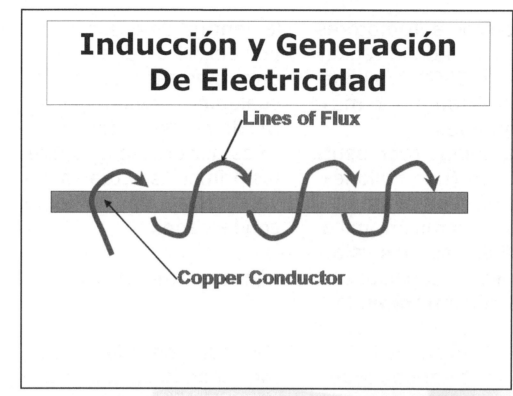

Un pedazo recto pequeño de cable exhibe inductancia.

normal de inductancia es el Henry, un valor grande que como el Farad para la capacidad raramente se encuentra en la electrónica actual. A menos que usted está hablando sobre el embrague de compresor de A/C que pasa para ser un rollo muy grande. Los valores típicos de unidades encontrados son los mH del milli-henries, uno milésimo de un henry o el micro-henry el uH, uno millonésimo de un Henry. (probablemente un fragmento de un uH) aunque de no gran importancia hasta que nosotros alcancemos las frecuencias de UHF. En equipo del Radar que usa las frecuencias altas, un pedazo pequeño de cable podría ser un problema. Pero afortunadamente nosotros no estamos en ese campo. Y los bobinas automotores y los circuitos inductivos son mucho más mejores.

Curso 1 de Electricidad Automotriz y Diagramas

El valor de un inductor varía en proporción al la cantidad de giros cuadrado. Si un rollo estuviera fuera de un giro, su valor podría ser una unidad. Los dos giros teniendo el valor serían cuatro unidades mientras tres giros producirían nueve unidades aunque el diámetro del rollo también entra en la ecuación.

Solenoides automotores son Inductores

Rollos alrededor de un centro pueden tener multi-capas de bobinados que se llaman los bobinados del solenoide. Si la bobina se enrolla en el centro de un hierro la inductancia se aumenta grandemente y las líneas magnéticas de fuerza aumentan de flujo proporcionalmente. Ésta es la base de electroimanes usada en las válvulas del solenoide y relays. Cuando el rollo se pone alrededor de una lamina de hierro especial o centros y un segundo bobinado se pone en el centro, el resultado es un

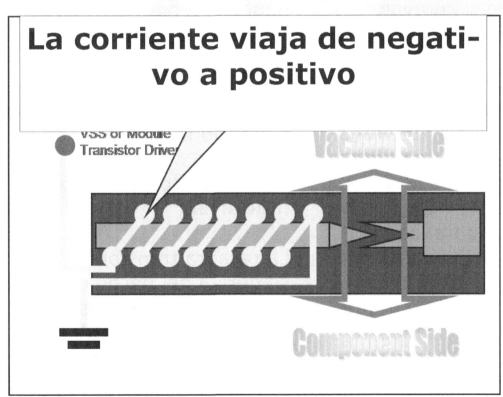

La corriente viaja de negativo a positivo

Curso 1 de Electricidad Automotriz y Diagramas

"transformador Ésta es la base de todos los transformadores de poder aunque sólo corriente alterna (el CA) y pulsando DC pueden transformarse. La relación de voltaje en los transformadores es proporcional a los giros. Por ejemplo un transformador de poder podría tener 2,500 giros en el lado secundario y el poderío lateral primario tiene 126 giros. Tal una relación es 250: 12.6 y si el primero se conectara a un 12.6 pulso de DC el secundario produciría un pulso de voltaje de 1,260 voltios. Cosas así es el caso en la ignición automotor que se enrolla, aunque los voltajes más altos son necesarios. Éstos también son los transformadores de poder, pero ellos se llaman "Paso-a" los transformadores. La proporción tortuosa para los bobinas de la ignición varía, pero un radio de 1:1000 no es raro. Es por esta razón que cuando un DC pulsando se aplica a la primaria que usted recibe en cualquier parte de 8K a 25K voltios al rendimiento. La corriente del rendimiento también es inversamente proporcional al rendimiento de voltaje. Por si usted consigue 10K voltios de salida usted también esta disminuyendo la corriente por el mismo factor. Sin embargo le conviene recordar que más transformadores de poder se diseñan para funcionar más eficaz a o cerca de una carga llena. Y un componente secundario defectuoso como las bujías, cables, el distribuidor. La tapa del distribuidor, causará el estrago en el sistema de la ignición.

¿Que son los transformadores?

La palabra transformador se deriva del hecho que cuando se ponen dos bobinas en la proximidad íntima entre si, las líneas de

Las bobinas y su trabajo

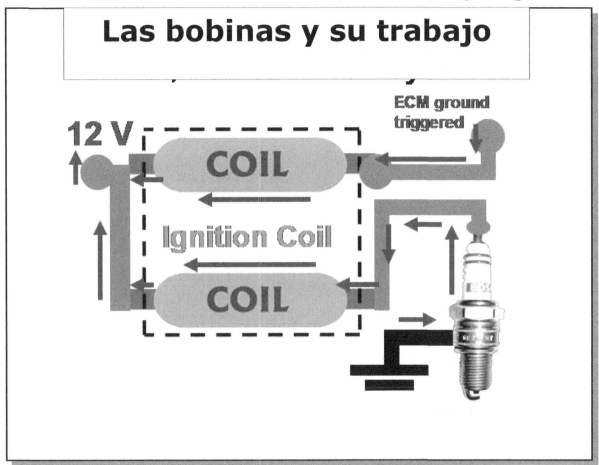

fuerza o el flujo magnético de uno cortarán por los giros del otro induciendo un AC o pulsando la corriente del DC. Se transforma la energía de uno enrollando a otro y esto se llama la acción del transformador.

Hay una gran variedad de transformadores para muchas aplicaciones incluso los transformadores de poder, los transformadores audio y la ignición de bobina entre otros. Cuando el nombre implica, un transformador de poder se diseña para normalmente cambiar el voltaje de uno nivelado a otro. Otro tipo llamado transformador corriente no se discutirá aquí, pero también se usa en los más nuevos vehículos híbridos.

Transformadores modernos de poder son enrolla-

Curso 1 de Electricidad Automotriz y Diagramas

dos en un "centro" que encaja un centro fabricado de materiales para satisfacer cierta aplicación automotor. La capacidad de manejo de poder de un transformador de poder es determinada por el tamaño físico del centro y sus propiedades. La información del plan está disponible de los fabricantes de automotores. La información del plan no proporcionará el número de giros por el voltio. Este dato nunca se publica y depende del técnico deducir el voltaje del rendimiento normal y máximo para los bobinas de la ignición. Como una regla, el Ford tiene un rendimiento de voltaje de ignición de aproximadamente 15K a 30K voltios, GM tanto como 45K voltios, y Chryslers un máximo de 25K voltios. La relación de giros por el voltio es un buen sostén para los dos primarios y secundarios. Un transformador diseñado para una nomina de 12 a 14.6 voltios de entrada y una nomina de 12K secundario de salida tiene un tipo de adelanto de giro de radio. Esto se necesita para los electrones para saltar el hueco a la bujía.

¡Recuerde "La electricidad lo puede MATAR!" y cuando se trata de los vehículos nuevos híbridos, el cuidado especial debe ejercerse al tratar con los cables ANARANJADOS o cables de altos voltajes. El rendimiento actual de estos circuitos podría matar potencialmente. Siempre siga las direcciones de seguridad apropiadas del fabricante. Esta nueva tecnología está aquí para quedarse, haga un plan y prepárese para él.

El Análisis de Flujo actual

Como hemos dicho anteriormente, el flujo de electrones se llama corriente y es la manera de que pasa la electricidad por un conductor. La partícula carga-

Curso 1 de Electricidad Automotriz y Diagramas

da es un electrón negativamente cargado.

Para que un cargo fluya, necesita un empujón (una fuerza) y se proporciona por el voltaje, o la diferencia potencial. La carga fluye de la energía potencial alta para la energía potencial baja. Es por esta razón que el voltaje se refiere como presión eléctrica. Suponga ese circuito tiene un potencial de 12 V y B tiene un potencial de 2 V. Hay una diferencia potencial. El circuito A tiene la energía potencial más alta que B, y significa que hay voltaje. La diferencia potencial es A.B o 12 - 2 = 10 V.

Si hay una diferencia potencial entre dos regiones y los unimos juntos, los electrones fluirán. La carga eléctrica siempre se moverá hasta que se reduzca la fuerza que actúa en él a un mínimo o hasta que el voltaje se vuelva la misma diferencia potencial entre A y B

Como previamente declarado, La corriente [I] mide la cantidad de electrones que pasan un punto dado todos los segundos. La unidad para la corriente es el Amperio [A]. 1 amperio quiere decir que 1 Coulomb o una cantidad grande de electrones de carga que pasa ese punto cada segundo.

"En cualquier circuito, la suma de disminución en el voltaje iguala la suma de su aumento." Por ejemplo, imagine un circuito con un inyector y un relay en la serie. Si la batería produce 12 V, entonces el inyector y los contactos relay deben consumir 12 V. Ahora desde que el contacto del relay no esta supuesto a consumir o dejar caer cualquier voltaje (un cable recto) todo el voltaje va a caer por el inyector.

A cualquier punto de la unión en un circuito eléctrico, el total de la corriente eléctrica en la unión es igual al total de corriente eléctrica saliendo. Una unión es cualquier punto dónde los cables están divididos en dos o más. Esto simplemente significa que si 10 Amperios son separados en el inyector, ECM, TCM, Solenoide de EGR y limpiadores del Parabrisas, el consumo ACTUAL TOTAL de este circuito separados iguala 10 Amperios. En otros términos, si usted está llenando su piscina, tina del baño, y toillet de 1000 galones de agua, la Compañía de Agua lo cobrará por 1000 galones de agua. La corriente NO PUEDE PERDERSE en un circuito. Y es por esta razón que se usan las cosas diferentes para monitorear el flujo actual en un circuito. Estos aparatos son voltio-metros, Amperio-metros, Luces de Prueba, y cualquier otro equipo de prueba que se use para el trazado actual. En otros tér-

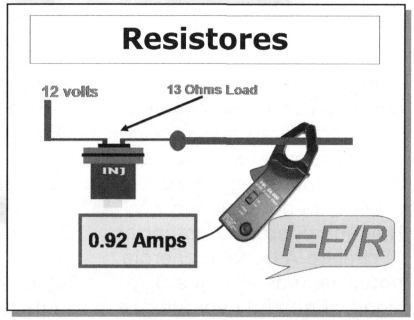

Curso 1 de Electricidad Automotriz y Diagramas

minos, la corriente entrando es igual a la corriente que esta saliendo o siendo consumida en el circuito en la forma de trabajo hecho o caliente. Cada ves que vemos que un cirquito esta asiendo mucha corriente, hay algo malo con este sistema. Y esa es la esencia de un diagnostico eléctrico auto motivo Nosotros sabemos que una corriente eléctrica es un flujo de partículas cargadas. Dentro de un cable cobrizo, la corriente se lleva por las partículas negativamente-cargadas pequeñas, llamados electrones. Los electrones flotan en las direcciones aleatorias hasta que una corriente empiece a fluir. Cuando esto pasa, los electrones empiezan a entrar la misma dirección. El tamaño de la corriente depende del número de electrones que pasan por segundo. Desde que un Amperio iguala un coulomb por segundo, esto es demasiado para ECM o cirquitos computarizado. El Amperio es entonces dividido en partes pequeñas. En los circuitos electrónicos, las corrientes son más a menudo medidas en milliamps, MA, que eso es un milésimo de un amperio.

Los interruptores y Relays

Esta sección cubre representativos relays con razón-general usadas en los circuitos de productos auto motivo.

Los relays abren y cierran los contactos eléctricos para operar otros dispositivos. Ellos se usan a menudo porque ellos cuestan menos que los interruptores electrónicos o debido a la naturaleza remota de su funcionamiento. Pero algunas de las cualidades de los relay son superiores al objeto de estado-sólido. Por ejemplo, circuitos de entrada y salida en relays son aislados eléctrica-

Curso 1 de Electricidad Automotriz y Diagramas

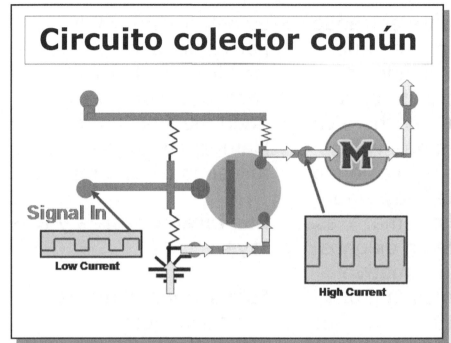

automotor. Los relays de estado sólido, por otro lado, a veces son más baratos y se prestan bien a la integración con otros objetos de estado sólido como el transistor, dentro del ECM o el módulo respectivo.

mente no como la mayoría de los otros objetos en estado-sólido. Y los relays pueden tener los numerosos contactos eléctricamente aislado uno de otro. Esto significa que en ciertas ocasiones, como en el caso del Chrysler de la electrónica de relays del ventilador, una falta en este circuito puede volar los circuitos de ECM. Además, los relays electromecánicas están poniéndose más pequeñas, ahora disponible en PC BOARD MOUNT y paquetes de Surface Mount que son conveniente para el uso

Unos aspectos del funcionamiento de los relays electromecánicas sobre interruptores de estado-sólido es que los relays algunas veces tienen baja resistencia de contacto. La excepción es el transistor de FET. La capacidad del contacto también es menos. Los relays probablemente serán encendidos por las corrientes de los transeúntes que los interruptores de estado-sólido. Y los relays son dañados

Curso 1 de Electricidad Automotriz y Diagramas

fácilmente por pequeños cortes o cargas excesivas.

Los relays electromecánicas se diferencian de tres maneras de interruptores de estado-sólido. Primero, los relays de bobinas son muy inductivos, y el valor de la inductancia no es constante. La inductancia es inmediatamente baja después de ser encendido y aumenta mientras la corriente se acerca a un estado de nivel consistente y los relay armature se cierran. En el contraste, los interruptores de estado-sólido tienen principalmente las entradas resistivas y una entrada constante actual.

Segundo, los relay tienen un cambio de tiempo mas largo que los interruptores transistorizados. Y ES POR ESO QUE NO SE PUEDEN USAR PARA DUTY-CYCLE CIRCUITO CONTROLADO como inyectores o solenoides. Inductancia del rollo es la causa primaria, pero la masa de armadura y estructuras del contacto también son factores.

Tercero, el rollo de inductancia relay puede producir inaceptable alto voltaje transente cuando el dispositivo se degenera. Los circuitos proteccionistas pueden reducir a los transeúntes a un nivel aceptable, pero ellos retrasan el relay-drop

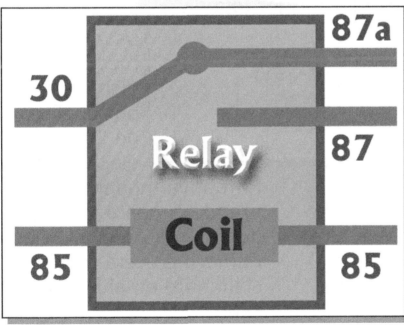

Curso 1 de Electricidad Automotriz y Diagramas

out también. Si usted ha visto un diodo en la parte de atrás del clutch compresor del A/C, es por eso. El campo colapsante de corriente magnética cojera la ruta del diodo, y se desangrara. Esto previene los contactos de parada de A/C de quemarse por la chispa de voltaje alta. Los relays también pueden ser una fuente de EMI. Por ejemplo, se producen arcos a los contactos cuando un contacto rebota en encendido y cuando los contactos abren en apagado. Transeúntes producidos apagando el rollo son otra fuente. EMI puede ser severo al cambiar las cargas inductivas a la corriente alta y niveles de voltaje. Este EMI (Electro Interferencia Magnética) es desastroso a los circuitos computarizados. Así todo en todo, dependiendo de la situación, a veces los beneficios de usar un relay mecánico son disminuidos por el efecto de EMI. La electrónica auto motiva moderna comprende el gasto más grande en un automóvil. Y este número crecerá exponencialmente en el futuro cercano.

Un relay reed consiste en interruptores de reed dentro de un rollo que opera.

Curso 1 de Electricidad Automotriz y Diagramas

Usado en algún censor de velocidad y aplicaciones en EVAP y LDP, los reeds pueden ser cualquier tipo de configuración. Para obtener los contactos adicionales, las bobinas relay se conectan en paralelo. Reed relays están disponibles con los formularios del contacto de los miliamperios a 12A. Pueden enrollarse bobinas que rodean la caña con cada tamaño del imán-cable para crear una selección grande de parámetros que opera. Los interruptores de reed para el uso automotor son unidades muy pequeñas y usan poca corriente.

Relays operadas en la corriente directa tienen la esperanza de vida mecánica mayor inherentemente que los relays del ac. La fuente más frecuente de dc en los automóviles es la batería el voltaje de DC. A menudo los ac ondean de un alternador defectivo influye en el funcionamiento del relay. Algunas relays del dc pueden tolerar la onda a su rollo, otros necesitan la filtración.

Cuando la fuente de poder es una batería recargable, las variaciones de voltaje de 25% son posibles. Así que un relay puede activarse a tan pequeño como 8 voltios. Aunque ellos nunca manejarían apropiadamente esa carga o circuito. Normalmente se diseñan los relays para operar a los 75% o superior de voltaje nominal. Se diseñan las bobinas para que no recalienten a 125% de voltaje de la entrada.

Los relays PCB-montados, como encontrados en ventanas eléctricas, parabrisas, puertas eléctricas, y en muchos otros circuitos adicionales, son generalmente aparatos de la armadura. Los dispositivos típicos son spdt o dpdt y contienen contactos a las 0.5 UN a 50 A. los voltajes que opera Típicos son 5 a

Curso 1 de Electricidad Automotriz y Diagramas

24 Vdc. La dispersión de Poder está en el rango de 75 a 600 mW.

Los materiales del contacto comunes son la plata fina, moneda de plata, el óxido del cadmio color de plata, y los metales nobles como platino. Además de estos materiales, pueden requerirse acabados para ciertas aplicaciones. Por ejemplo, si un relay se usa en una atmósfera ligeramente corrosiva, los contactos deben tener una capa de conversión-cromate. Los automóviles pasan por un uso riguroso sin embargo, por lo tal se emplea bien el tiempo en los diseños e implementación de los relays. Qué también es la razón por qué ha sido muy duro para los fabricantes anularlos.

Curso 1 de Electricidad Automotriz y Diagramas

Curso 1 de Electricidad Automotriz y Diagramas

Notes

Notes

Curso 1 de Electricidad Automotriz y Diagramas

Notes

Made in the USA
Las Vegas, NV
14 March 2024